L'AMI DU LABOUREUR;

OU

LES DÉJEUNERS DE M. RICHARD.

ENTRETIENS D'UN PROPRIÉTAIRE
ET DE SON FERMIER

Sur l'avantage de la suppression des jachères.

A PARIS,

DE L'IMPRIMERIE DE MADAME HUZARD
(née VALLAT LA CHAPELLE),
Rue de l'Éperon-Saint-André-des-Arts, n°. 7.

1817.

ÉPITRE DÉDICATOIRE

DE M. GROS-JEAN

A tous les cultivateurs de son département.

———

Mes chers collègues (1),

C'est d'après le conseil de M. *Richard* que je fais imprimer cet ouvrage, et que

———

(1) Comme partisan de nouveautés, je dois adopter le nouvel usage de changer et d'ennoblir toutes les qualifications anciennes, qui en effet avoient un air trop bourgeois. Ainsi il ne doit plus y avoir aujourd'hui de *camarades* ni de *confrères*, mais des *collègues* : plus de *laboureurs* ni de *fermiers*, mais des *cultivateurs*; plus d'*ouvriers* ni d'*artisans*, mais des *artistes* : les décrotteurs même prennent aujourd'hui ce noble titre: en effet, ne peuvent-ils pas se vanter, comme les peintres, de savoir manier la brosse et le pinceau ?

1 *

je prends même la liberté de vous le dédier. Je vous en avertis pour que vous ne puissiez pas dire : *Voici Gros - Jean qui veut en remontrer à son curé.* Non, mes chers collègues, je n'ai point cette prétention; je sais combien vos lumières sont supérieures aux miennes. Mais vous allez connoître ce qui a déterminé ma démarche. Écoutez mon histoire, et jugez-moi.

Dans un voyage de deux jours que je fis à Paris le mois dernier, j'eus l'occasion d'entrer dans un café. Là, après avoir bu la tasse et le petit verre, je fis attention à un grand Monsieur sec et blême, assis devant un autre à-peu-près de même encolure. Le premier ayant demandé au garçon de café un verre d'eau et un encrier, sortit de sa poche un rouleau de feuilles imprimées et détachées dont il couvrit toute la table. Il griffonnoit, raturoit, marmottoit entre ses dents, et frap-

poit quelquefois du pied. Enfin je l'enten-
dis s'adresser en ces mots à son vis-à-vis:
« Que dis-tu, je t'en prie, de ces cabo-
» chards de laboureurs, plus entêtés que
» des mules, plus ignorans que des carpes,
» et à qui il est impossible de faire entendre
» raison? Nous avons beau faire depuis
» trente ans, beau raisonner, prêcher,
» imprimer, le diable ne les fera pas dé-
» mordre de leurs vieilles routines, et les
» jachères vont toujours leur train. Voici
» le dernier ouvrage dont je veux les
» assommer, voici le dernier coup que
» je veux leur porter. Si leur tête de bronze
» et leur cœur de fer n'en sont pas amollis,
» j'y renonce et les abandonne à leur mal-
» heureux sort. »

Monsieur, dis-je, en m'approchant de
notre assommeur et lui faisant une pro-
fonde révérence, pardonnez la liberté
grande que je prends en me mêlant de
votre conversation. Vous voyez un labou-

reur, mais nouveau converti, qui, sans avoir encore lu vos sublimes écrits, et sans attendre le dernier coup d'assommoir dont vous menacez ses pauvres confrères, adopte tous vos raisonnemens, sans doute très profonds, et se déclare le plus zélé partisan de la suppression des jachères. Ah! bravo, s'écria mon grand Monsieur, en me frappant sur l'épaule; voilà ce qui s'appelle un homme de bon sens! Asseyez-vous à côté de moi, Monsieur le laboureur; nous allons causer ensemble. Garçon, apportez un verre d'eau à Monsieur! — Grand merci, je n'ai besoin de rien. — Tant mieux, rien ne va nous interrompre. Dites-moi un peu, c'est sans doute de notre vénérable patriarche *Olivier de Serres* que vous avez reçu les premiers élémens de la science agricole, qu'il a tracés dans son ouvrage? — Pardonnez-moi, je n'ai point l'honneur de connoître M. *de Serres!* de quel département est-il? — Eh! mon cher, il n'étoit guère question de départemens en France dans le temps où vivoit le grand *Olivier*. Mais c'est peut-être à l'école de l'excellent abbé *Rozier* que vous vous êtes formé ? — Je ne connois d'abbé que notre curé, je n'ai point vu M. l'abbé *Rozier*. — Je le crois ; mais, sans avoir vu les gens, on a pu lire leurs ouvrages. — Je ne les connois pas. — C'est donc dans les nôtres que vous avez puisé vos bons principes. Vous avez lu les journaux d'agriculture et les nombreux écrits que, depuis trente ans, nous nous faisons un devoir de répandre parmi les cultivateurs pour combattre leurs anciens préjugés, détruire leurs vieilles routines et leur inculquer les vrais principes et les seules méthodes à suivre pour perfectionner l'agriculture en France ? — Monsieur, je vous avoue, à ma honte, que je ne connois ni le Journal d'Agriculture, ni les nombreux ouvrages dont vous me parlez. — Comment ! vous n'auriez pas même lu le dernier *Cours d'Agriculture*, dans lequel les plus célèbres agronomes de nos jours, les *Parmentier*, les *Tessier*, les *Bosc*, les *Thouin*, les *Yvart*, ont répandu la science, l'érudition et les préceptes de la plus saine théorie? C'est là que ces estimables auteurs se montrent dégagés de tout préjugé. Sans système, sans prévention, ils cherchent de bonne foi la vérité, affirment quand ils sont sûrs, et savent douter quand ils ne le sont pas. Ils n'ont d'autre but que le progrès de la science et l'instruction du cultivateur. — Hélas! Monsieur, je vous le répète en rougissant, je n'ai rien lu de tout cela. Je vous dirai seulement que les noms de plusieurs des auteurs que vous venez de citer sont quelquefois parvenus à mes oreilles; je me rappelle de les avoir entendu prononcer avec éloge et vénération. — En ce cas-là, c'est bien lapeine que ces illustres et respectables savans se tuent à écrire, si personne ne lit leurs ouvrages. — Permettez-moi, Monsieur, de vous faire part de quelques réflexions à ce sujet. — Parlez,

parlez. — On doit sans doute savoir beaucoup de gré à ces Messieurs des peines
qu'ils se donnent d'écrire tant de volumes;
mais cela ne peut être utile qu'à une certaine classe d'amateurs ou d'agriculteurs
très-instruits, très-aisés, et par conséquent
en petit nombre. Croyez - moi, jamais le
simple laboureur n'ira chercher dans de
gros livres et de nombreux volumes, des
préceptes dont il ne reconnoît pas trop
l'utilité; car, vous le savez, il ne se fie
qu'à son expérience, ou plutôt à sa routine. — Très-bien dit. — Vous voulez qu'il
lise; et d'abord, à peine sait-il lire : d'ailleurs, il en a rarement le goût ou le temps.
Vous voulez qu'il achète; mais il n'a que
peu ou point d'argent à sacrifier à cela,
sur-tout pour des livres volumineux et
chers. De combien de volumes se compose
ce précieux *Cours d'Agriculture* dont
vous me parliez tout - à - l'heure ? — De
treize volumes. — Treize, c'est beaucoup;
et combien coûtent-ils ? 108 francs. —

108 francs ! voilà de quoi ensemencer une belle pièce de terre. Tenez, Monsieur, vous me paroissez être un habile auteur, très-zélé pour l'agriculture : voulez-vous rendre un grand service à la chose et surtout à nous autres petits laboureurs ? réduisez, si vous le pouvez, ces treize volumes de 108 francs, à une petite brochure de 60 pages au plus, du prix de 25 à 30 sous. — Y pensez-vous, Monsieur le laboureur ? réduire à 60 pages 13 volumes de 400 pages chacun ! cela est-il possible ? — Ce n'est pas tout, n'y mettez pas tant d'érudition, c'est peine perdue pour nous. — Mais il faut bien que des savans... — Ce n'est pas tout, ne nous dites que ce que nous avons besoin d'apprendre, ne répétez pas ce que nous savons déjà. — Fort bien, mais dans un traité complet... — Ce n'est pas encore tout, descendez et rabaissez-vous à notre niveau, parlez notre langage simple et familier, par-là vous intéresserez un plus grand nombre de lec-

teurs. Vous vous ferez comprendre d'eux , ils vous prôneront, et lorsque quelqu'un de nous rencontrera votre brochure , il dira, en mettant la main à la poche : Parbleu , 3o sous ne sont pas la mort d'un homme ! il faut nous en passer la fantaisie ; voyons un peu ce que nous chante ce docteur-là. — Tout cela est fort bon , Monsieur le cultivateur ; mais y pensez-vous , de vouloir réduire à 60 pages!...—Eh! c'est encore trop , Monsieur l'auteur ; je vais vous le prouver. Apprenez donc que moi, cabochard de laboureur, plus entêté qu'une mule, plus ignorant qu'une carpe, comme vous le disiez très-bien tout-à-l'heure , je n'ai eu besoin que de deux heures de conversation avec un galant homme nommé M. *Richard,* pour être converti sur mes anciens préjugés et sur ma vieille routine. En deux heures il a eu le temps et le talent de me développer les principes de la nouvelle agriculture , de m'en faire connoître les avantages , de m'indiquer xij

les principales méthodes d'assolemens, et
de me dégoûter pour jamais des vicieuses
jachères. Or, ce qu'il m'a dit en deux
heures peut très - bien se rédiger dans
60 pages ; et certes il n'en faut pas davantage pour convaincre tout homme qui aura
du bon sens et de la bonne volonté pour
s'instruire. Quant à ceux qui n'ont ni l'un
ni l'autre, vous aurez beau les assommer
ou les enterrer sous des volumes, vous ne
les convertirez pas. — Cela se peut, vous
en direz ce que vous voudrez ; mais mon
ouvrage est fini, il est en deux volumes
in-4°. Voilà les dernières feuilles : Messieurs les laboureurs, vous ne le lirez pas,
je m'en consolerai. Seulement, mon cher,
pour condescendre à vos avis en quelque
chose, j'en supprimerai… *l'errata.* — Sur
cela mon auteur se lève, rassemble toutes
ses épreuves, avale son verre d'eau,
me salue, et se retire avec son com-
pagnon.

Je sortis bientôt, après et j'allai raconter

cette scène à M. *Richard*, qui en rit beaucoup et me parla ainsi : *Gros-Jean*, vous rappelez-vous bien tout ce que je vous ai dit dans nos divers entretiens?—Oui, Monsieur, j'ai si bonne mémoire que je n'en ai pas perdu un mot: je vais à l'heure même, si vous voulez, répéter par cœur tout ce que nous avons dit l'un et l'autre, sans oublier une syllabe. — C'est inutile ; faites mieux : mettez nos conversations par écrit, et portez-les à l'imprimeur pour en composer une petite brochure qui puisse paroître en même temps que les deux volumes *in*-4°. de votre auteur de café. Nous verrons lequel des deux ouvrages sera le plus tôt débité. Mais suivez le conseil que je vais vous donner. Dédiez votre brochure aux cultivateurs de votre département ; ils seront fiers d'avoir parmi eux un auteur dont, pour 3o sous, ils aimeront à encourager les talens : par ce moyen, je vous garantis un sûr débit.

Puissiez-vous, mes chers collègues,

xiv

justifier la prédiction de M. *Richard*, et ne pas douter de la reconnoissance et des sentimens respectueux de votre dévoué serviteur

GROS-JEAN !

PREMIER ENTRETIEN.

M. RICHARD.

Vous voilà donc à Paris, M. *Gros-Jean?*

GROS-JEAN.

Oui, Monsieur, j'arrive tout droit du pays.

M. RICHARD.

Comment va la santé ?

GROS-JEAN.

Comme dit l'autre, mieux que la bourse.

M. RICHARD.

J'entends : d'après cela, vous ne m'apportez pas beaucoup d'argent.

GROS-JEAN.

Hélas ! mon brave Monsieur, comment voulez-vous que nous en fassions, de l'argent, du temps qui court ?

M. Richard.

On fait de l'argent avec du blé, des laines, des bestiaux.

Gros-Jean.

Du blé ! vous le savez, la récolte n'a pas été fameuse.

M. Richard.

Pas si mauvaise, et le blé s'est assez bien vendu.

Gros Jean.

Sur le haut du temps, oui ; mais avant Pâques...

M. Richard.

Il ne falloit pas tant vous presser de porter au marché.

Gros-Jean.

C'est vrai : mais on a des besoins ; ne faut-il pas payer ce percepteur ?

M. Richard.
Sans doute.

Gros-Jean.

Si l'on n'avoit à s'acquitter que de l'impôt foncier, on s'en tireroit ; mais c'est toute la pretintaille. La commune n'a pas de revenu, il faut payer à part le garde champêtre, le maître d'école, le curé; donner aux quêtes pour les incendiés, pour les pauvres, qui n'en viennent pas moins tous les jours à nos portes demander du pain, et il ne faut pas s'aviser de les refuser.

M. RICHARD.

Je le crois : c'est une charge commune, sur-tout aux fermiers. Quoi qu'il en soit, cela n'empêche pas de payer le loyer des terres que l'on tient à bail et que l'on fait valoir.

GROS-JEAN.

Faire valoir : oh ! c'est, ma foi, un beau métier que celui-là, sur-tout actuellement! Croyez-moi, Monsieur, un valet de basse-cour, un batteur en grange, un charretier, voilà ceux qui gagnent à faire valoir; mais le malheureux fermier s'y ruine.

M. RICHARD.

Comment cela ?

GROS-JEAN.

Oui, Monsieur, pour ces gens-là tout est profit; tout est argent comptant. Point de frais, point d'avances, point de pertes, point de crédit ; ils n'ont personne à payer, et il faut qu'on les paye.

M. Richard.

C'est très-vrai : cependant vous qui parlez, M. *Gros-Jean*, vous qui exaltez tant leur bonheur, si, par un maudit sort, vous étiez réduit demain à devenir batteur en grange, ou calvanier, au lieu d'être fermier comme vous voici, vous feriez de belles complaintes, et vous auriez raison.

Gros-Jean.

Ma foi non, Monsieur *Richard*.

M. Richard.

Allons, allons, M. *Gros-Jean*, soyons vrais et n'exagérons rien. Tel qui envie le sort d'autrui, qui voudroit aujourd'hui changer avec lui, seroit bien sot demain si on le prenoit au mot. Mais dites-le moi franchement : dans l'embarras où vous vous trouvez dans ce moment, n'y auroit-il pas un peu de votre faute?

Gros-Jean.

Aucunement, je vous jure.

M. Richard.

Au reste, celle dont je vous soupçonne cou-

pable, vous est commune avec un grand nombre, je dirois presque avec la totalité de vos
confrères.

Gros-Jean.

Eh, bon dieu ! quelle est donc, Monsieur,
cette faute si grave pour laquelle vous semblez
faire le procès à tous les fermiers ?

M. Richard.

Ecoutez, mon cher *Gros-Jean*, je ne prétends faire ici le procès à personne ; mais, mon
ami, je veux vous faire entendre quelques véri-
tés que mon âge et les services que j'ai rendus
à votre famille m'autorisent à vous présen—
ter pour votre profit et pour votre intérêt.

Gros-Jean.

Je n'ai certainement pas oublié, Monsieur,
tout ce que Monsieur votre père a fait pour
le mien. C'est à lui à qui nous devons notre
fortune ; vous m'avez vous-même aussi secouru
avec une générosité qui mérite toute ma reconnoissance ; et c'est cela même qui me fait
le plus de chagrin, lorsque je ne puis m'acquitter envers vous d'une dette légitime.

M. Richard.

Fort bien : mais n'allez pas croire que,

2 *

par mauvaise humeur de ce que vous ne
m'apportez point d'argent, je veuille ici vous
chercher querelle. Nullement, et pour mieux
vous le prouver, je vous fais la remise à l'instant des cent écus que vous me redeviez sur
notre dernier compte, à une condition cependant....

GROS-JEAN.

Monsieur, je suis prêt à souscrire à tout.

M. RICHARD.

C'est que demain à midi, vous viendrez
déjeuner avec moi. Nous causerons ensemble,
et je serai bien aise d'entrer avec vous dans
quelques détails qui ne pourront que vous être
utiles, et vous prouveront l'intérêt que je
prends à votre fortune. Je vous parlerai en
père, en ami.

GROS-JEAN.

Bien de l'honneur et de l'avantage pour moi,
M. *Richard;* vous faites plus que de parler,
vous agissez. Soyez sûr que je sens tout le
prix de vos bontés, et que.....

M. RICHARD.

Je vous défends de me remercier autrement
qu'en profitant de la conversation que nous

aurons demain ensemble; en attendant mettez-vous là, prenez cette tasse de café. Nous sortirons ensuite, et demain, entre onze heures et midi, je vous attendrai dans ce même lieu.

DEUXIÈME ENTRETIEN.

M. RICHARD.

Voila ce qui s'appelle un homme de parole.

GROS-JEAN.

Je n'avois garde, M. *Richard*, de manquer à votre rendez-vous.

M. RICHARD.

Avez-vous bien couru Paris ?

GROS-JEAN.

Je n'ai eu que trop le temps de me fatiguer et de m'ennuyer depuis cinq heures du matin.

M. RICHARD.

Quoi ! vous vous êtes levé à cinq heures, et pourquoi faire ?

GROS-JEAN.

Que voulez-vous, on a ses habitudes. D'ailleurs, comment dormir dans ce Paris, avec le tintamarre qu'on y fait toute la nuit ? Enfin je vous avoue que tout ce que vous m'avez dit hier m'a trotté dans la tête ; j'ai tâché de deviner ce que vous pouviez avoir à me reprocher.

M. RICHARD.

Cela ne devoit pas vous empêcher de dormir; c'est prendre la chose trop au sérieux. Mais voyons, en attendant qu'on nous serve, causons un peu de vos affaires : elles ne sont pas très-bonnes, n'est-ce pas ?

GROS-JEAN.

Hélas ! oui, Monsieur; je venois ici pour vous demander du temps; mais vos bontés m'ont accordé plus que je ne voulois, et je suis bien reconnoissant....

M. RICHARD.

Ne parlons pas de cela : Voici donc un fait certain, c'est que vous avez beaucoup de peine à payer vos fermages.

GROS-JEAN.

J'en conviens.

M. RICHARD.

Une autre vérité qui vous excuse, c'est que, je vous l'ai déjà dit, un grand nombre de vos confrères se trouvent dans le même cas.

GROS-JEAN.

Certainement.

M. RICHARD.

Eh bien, il s'agit de trouver et de reconnoître la raison de cette gêne.

GROS-JEAN.

La raison, je la sais bien : me permettez-vous de la dire?

M. RICHARD.

Sans doute, voyons.

GROS-JEAN.

C'est qu'on nous loue trop cher. C'est que le prix des fermages est monté à un taux tel que les fermiers ne peuvent plus s'en tirer. Voyez, Monsieur, si autrefois vos terres étoient louées comme elles le sont aujourd'hui. Il y a cinquante ans que, de père en fils, nous sommes dans votre ferme. Mon grand-père en rendoit 1600 francs ; mon père vous en a donné 2200 livres ; et moi je vous en rends aujourd'hui près de mille écus.

M. RICHARD.

Rien n'est plus vrai ; mais qu'en résulte-t-il ? Que votre grand-père et votre père louoient ma terre trop bon marché, et que, puisque vous avez enchéri sur eux, c'est que vous lui avez reconnu la valeur que vous en avez offerte.

GROS-JEAN.

Il y a quelquefois des raisons qui déterminent à faire un mauvais marché.

M. RICHARD.

Écoutez : je trouve très - simple que vous, fermier, pour vous excuser de mal payer, vous disiez que vous louez trop cher ; mais moi, propriétaire, ne pourrai je pas, de mon côté, trouver d'autres raisons de votre pénurie ?

GROS-JEAN.

Les miennes sont les bonnes, les véritables ; tous ceux qui sont dans le même cas que moi diroient de même. En effet, Monsieur, voyez-vous actuellement des fermiers s'enrichir comme ils le faisoient autrefois? Non, aujourd'hui tous se ruinent; il n'y a que ceux qui sont en partie propriétaires qui se soutiennent un peu, encore mangent-ils souvent du leur. Les autres marchent grand train à l'hôpital.

M. RICHARD.

Je vous accorde tout ce que vous dites là; mais j'en trouve l'explication dans l'esprit du jour, dans les mœurs actuelles. Savez-vous ce qui vous ruine, ce qui vous perd, Messieurs les fermiers? c'est le luxe, c'est la dépense, c'est la mise de vos femmes, de vos enfans, qui vous enlèvent le plus clair des profits de vos fermages. Le beurre, les œufs, les pigeons, la volaille de la basse-cour, vont s'engloutir dans les chapeaux et les coiffures de la fermière et de ses filles; les veaux s'échangent contre des schalls et des bijoux.

GROS-JEAN.

En ceci, M. *Richard*, vous pourriez bien avoir quelque raison.

M. RICHARD.

Trouvez-vous ?

GROS-JEAN.

Oui, oui.

M. RICHARD.

Mais pour être entièrement juste, parlons aussi de ces festins, de ces écots ruineux que les maris de fermières payent dans les auberges le jour du marché; parlons sur-tout de la partie de carte ou de billard, qui souvent, en deux heures de temps, enlève le produit de la voiture de grain qu'on a vendu, de sorte qu'il ne reste plus à remporter que des sacs vides, qui ne sauroient payer la part du propriétaire.

GROS-JEAN.

Ah! cela n'arrive pas souvent.

M. RICHARD.

Parce qu'il n'y a marché qu'une fois par semaine.

GROS-JEAN.

Eh bien, M. *Richard*, vous m'en croirez si vous voulez, mais je vous jure que depuis que je tiens votre ferme, ce que vous dites là m'est arrivé tout au plus deux fois.

M. RICHARD.

C'est encore trop, Monsieur *Gros-Jean*.

Gros-Jean.

Sans doute : mais quant à nos femmes et à nos filles, savez-vous ce qui les a mises sur le ton que vous leur reprochez ? c'est la bonne fortune de ces fermiers, qui dans la révolution sont devenus du jour au lendemain propriétaires de leur ferme, moyennant quelques voitures de blé ou d'avoine. Leurs femmes et leurs filles, de ce moment-là, ont voulu faire les grosses dames. Les nôtres, voyez-vous, qui étoient leurs sœurs ou leurs cousines, se croyant autant qu'elles, ont voulu faire de même; et à l'envi les unes des autres, voilà comme toutes ruinent leurs maris.

M. Richard.

Vous confirmez ce que j'ai avancé : vous conviendrez donc que c'est l'argent qui reviendroit de droit au propriétaire dont on se sert pour payer les parures de mesdames et de mesdemoiselles les fermières.

Gros-Jean.

Quelquefois ; mais toutes n'ont pas des chapeaux et des schalls. Vous ne verrez pas de cela chez nous.

M. Richard.

Un peu plus, un peu moins. Parcourez les foires et les fêtes de village, vous rencontrerez ces dames aussi bien mises, pour le moins, que l'étoient autrefois les femmes de ci-devant gentilshommes. Au reste, il faut en convenir, ce n'est pas les fermiers seuls qu'on peut taxer d'un luxe au-dessus de leur fortune et de leur état; on peut en dire autant de toutes les classes, en descendant presque jusqu'à la dernière. Je ne suis pas très-vieux, et j'ai vu cet accroissement rapide du luxe parmi les habitans des campagnes. Le journalier, qui autrefois n'avoit que des sabots aux pieds, des bas drapés et une veste de bure, porte aujourd'hui des souliers à boucle, des bas de coton jaspés, un gilet de beau drap l'hiver, et un de Nankin l'été.

Gros-Jean.

Aussi, lorsque pour les travaux des champs nous avons besoin d'eux, ils se font chèrement payer, et voilà encore ce qui nous ruine; si nous voulons bien façonner nos terres, la main-d'œuvre est hors de prix; ou il faut laisser les champs incultes, ou il faut faire de fortes

avances, que la vente n'indemnise pas toujours. Un charretier, une servante, un journalier, se font payer le double de ce qu'ils de-
mandoient autrefois ; encore ont-ils l'air de vous
servir par grâce, et n'en a pas qui veut.

M. RICHARD.

On manque de bras ; cela tient à bien des
choses. Au reste, je sais qu'en général le
fermier est fort à plaindre et se trouve souvent
très-embarrassé sur ce chapitre, dans certains cantons. C'est une raison de plus pour
chercher à tirer tout le parti possible de cette
terre qui coûte tant de travaux et de frais à
cultiver.

GROS-JEAN.

Certainement ; mais vous savez le proverbe
qui dit : On ne peut pas tirer d'un sac deux
moutures.

M. RICHARD.

Eh ! c'est précisément ce proverbe-là que
je prétends démentir.

GROS-JEAN.

Bon ! M. *Richard*, vous plaisantez.

M. RICHARD.

Non certes, je ne plaisante pas. Voilà l'objet principal des entretiens que nous allons avoir ensemble. Je prétends vous prouver que si vous ne pouvez pas me payer exactement le loyer de mes terres, c'est absolument votre faute ; c'est parce que vous ne vous y prenez pas bien ; c'est en quelque sorte parce que vous ne savez pas tirer d'un sac deux moutures.

GROS-JEAN.

Je serois bien curieux d'apprendre à faire ce tour-là. Me l'enseignerez-vous, M. *Richard?*

M. RICHARD.

Il ne tient qu'à vous.

GROS-JEAN.

Plutôt aujourd'hui que demain.

M. RICHARD.

Je ne le puis aujourd'hui ; il m'est survenu une affaire à laquelle je ne m'attendois pas. Mais revenez demain à la même heure, nous déjeunerons d'abord, et nous entrerons ensuite en matière.

GROS-JEAN.

Volontiers, Monsieur, je gagne trop à vos déjeuners pour ne pas accepter tous ceux que vous m'offrirez.

TROISIÈME ENTRETIEN.

M. RICHARD.

ACTUELLEMENT que nous avons déjeuné, rien n'interrompra les discussions dans lesquelles nous allons être entraînés, et qui probablement seront un peu longues.

GROS-JEAN.

Sans doute, Monsieur; car vous avez bien des choses à m'apprendre ; vous me l'avez promis. Je vais savoir tirer d'un sac deux moutures.

M. RICHARD.

J'espère vous tenir parole. D'après ce que vous me disiez tout-à-l'heure en déjeunant, vous me paroissez très-persuadé qu'il n'y a pas d'autre manière de cultiver mes terres, que celle que vous avez suivie jusqu'à présent.

GROS-JEAN.

Très - certainement ; sans nous flatter, M. *Richard*, mon père et moi, nous avons toujours été réputés pour être les premiers laboureurs du canton, et pour savoir le métier.

M. RICHARD.

Je ne doute pas que l'un et l'autre vous n'ayez suivi très-régulièrement la même routine, les anciens principes.

GROS-JEAN.

De père en fils, nous n'avons fait que cela.

M. RICHARD.

Eh bien ! mon ami, j'espère vous prouver que c'est en quoi vous avez très - mal fait. Voilà la raison qui vous fait éprouver de l'embarras dans vos affaires. Vous ne savez pas tirer parti de votre ferme.

GROS-JEAN.

Vous croyez?

M. RICHARD.

J'en suis très-sûr. Vous partagez vos terres en trois soles, n'est-ce pas ?

GROS-JEAN.

Comme de raison.

M. RICHARD.

Sole de blé, sole de mars, et jachère.

GROS-JEAN.

C'est cela.

M. RICHARD.

L'année de jachère, votre terre ne produit rien.

GROS-JEAN.

Non, certes.

M. RICHARD.

Eh bien, tant pis ; votre père et vous, avez été dupes.

GROS-JEAN.

En quoi donc, s'il vous plait ?

M. RICHARD.

En ce que vous me payiez pour une terre qui ne vous rendoit rien, et qui cependant auroit pu rapporter quelque chose.

GROS - JEAN.

Mais il falloit bien la laisser reposer, cette pauvre terre, pour qu'elle rapportât mieux ensuite.

M. RICHARD.

Reposer ! est-ce que la terre se fatigue ? Voyez-la abandonnée à elle-même, nourrissant des forêts, des arbres de toute espèce, des prairies aussi anciennes que le monde : cela la fatigue-t-il ? S'avise-t-elle tous les trois ans de suspendre la nourriture qu'elle leur donne ? La voyez-vous jamais fermer son sein, cesser de faire pousser les feuilles des arbres et les tiges des herbes, pour soi-disant se reposer ?

Gros-Jean.

Non ; cette réflexion est assez juste, je ne l'avois jamais faite..

M. Richard.

Lorsque vous défrichez ce bois antique, cette vieille prairie, cette terre qui, à vous en croire, devroit être bien fatiguée d'avoir si long-temps nourri ces végétaux, ne la trouvez-vous pas, au contraire, d'une fécondité surprenante, dont vous savez fort bien tirer parti ?

Gros-Jean.

C'est vrai : mais pourquoi donc paroît-elle se fatiguer si vite quand nous la cultivons ? Car enfin, essayez de semer toujours sur la même pièce de terre, vous verrez si elle ne vous refusera pas bientôt service. Le beau

(35)

grain que vous aurez si vous ne lui donnez pas
du repos !

M. RICHARD.

Entendons-nous. Je vois bien ce que vous
voulez dire ; vous l'exprimez mal, et je
ne vous chicane sur le mot que pour recti-
fier l'idée fausse que vous et beaucoup d'autres
avez conçue de la fatigue et du repos de la
terre, que vous semblez assimiler à un animal harassé de travail et qui a besoin d'inac-
tion pour réparer ses forces. Je serai plus
d'accord avec vous, si vous me dites que
cette terre, naturellement si riche, si féconde,
mais que vous avez épuisée, appauvrie par
votre mauvaise culture, a besoin d'être res-
taurée, réparée, et qu'il est indispensable que
vous remplaciez la déperdition réelle que vous
lui avez fait éprouver par un assolement vi-
cieux.

GROS-JEAN.

Comment faire autrement ?

M. RICHARD.

En la ménageant davantage ; en ne l'épuisant
pas autant que vous le faites ; en sachant mieux
entretenir sa fécondité , et réparer ce que vous
avez pu lui en faire perdre.

3 *

Gros - Jean.

Mais , Monsieur, accordez-vous donc avec vous-même. D'un côté, vous ne voulez pas qu'on laisse la terre une année sans rapporter ; de l'autre, quand je la fais produire pendant deux ans de suite seulement, vous dites que je l'épuise, que je la détériore ; ce sera bien pis si je sème toujours dessus.

M. Richard.

Voilà précisément ce qui vous trompe. .

Gros-Jean.

Comment ! une terre peut rapporter tous les ans sans s'épuiser?

M. Richard.

Certainement.

Gros-Jean.

Ah ! je devine votre secret ; vous la fumerez perpétuellement comme les jardiniers fument leurs potagers. Mais cela est-il possible dans une grande exploitation?

M. Richard.

Vous avez mal deviné. Sans fumer comme

les jardiniers, en fumant moins que vous ne
le faites, M. *Gros-Jean*, en ne fumant pas
du tout, je ferois rapporter une terre sans
l'épuiser.

GROS-JEAN.

Faire rapporter une terre tous les ans, sans
fumier ! voilà du nouveau, de l'incompréhen-
sible.

M. RICHARD.

Pour vous, non pas pour ceux qui réunissent
les lumières de la physique, de la théorie,
à une longue pratique.

GROS - JEAN.

Et vous avez vu cela, M. *Richard?*

M. RICHARD.

Oui, M. *Gros-Jean.*

GROS-JEAN.

De vos yeux ?

M. RICHARD.

De mes propres yeux.

GROS-JEAN.

C'étoit donc quelque fameuse terre comme

nous n'en avons pas dans notre pays, ou bien après certains défrichemens. Encore, après cinq ou six ans, la récolte ne doit-elle pas être bien merveilleuse.

M. Richard.

Vous n'y êtes pas. J'ai vu faire cette épreuve-là sur des terres moindres que celles de ma ferme, dans des terres qui ne sortoient point d'un défrichement et qui ont rapporté pendant vingt-un ans sans interruption de quoi dédommager amplement des frais de leur culture.

Gros-Jean.

Sans y porter de fumier ?

M. Richard.

Sans y transporter de fumier : je vous en montrerai le procès-verbal, très-authentique ; il est dans mon secrétaire.

Gros - Jean.

Eh bien, celui qui a fait ce tour-là étoit sorcier. Mais, M. *Richard*, êtes-vous bien sûr qu'il n'y ait pas eu là-dedans quelque tromperie ? Je me rappelle qu'il y a quelques années... oui, c'étoit du temps de notre mariage, un certain Monsieur, qu'on appeloit un *Agro-nome*, proposoit de répandre sur la terre une petite poudre qui faisoit tout pousser comme des champignons ; et puis un autre, qui avec une petite fiole pleine d'eau qu'il jetoit comme de l'eau bénite, rendoit jusqu'aux pierres fertiles : c'est peut être avec ces beaux secrets que vous avez fait produire votre terre pendant vingt-un ans ?

M. Richard.

Ce n'est ni eau bénite, ni poudre de perlinpinpin, croyez-moi, M. *Gros-Jean*, qui ont opéré ce que vous regardez comme un miracle, mais ce que je vous ferai bientôt reconnoître comme une chose très-simple. Je ne suis point un charlatan.

Gros-Jean.

Excusez - moi, M. *Richard*, je n'ai pas voulu dire....

M. Richard.

Je sais très-bien que les cultivateurs ont trop souvent été trompés par ces marchands de poudres et de fioles. J'avouerai même qu'ils l'ont été encore plus souvent par les rêveries creuses de certains théoriciens, qui, ne faisant des expériences d'agriculture que dans leur cabinet et dans un pot de terre placé sur leur cheminée, ont prétendu dogmatiser, réformer et innover. D'après cela, je conçois que Messieurs les cultivateurs de profession se montrent un peu méfians envers les nouveaux systèmes et les nouvelles méthodes qui tendent à démentir leur vieille routine, leurs anciennes pratiques. Mais quand on est raisonnable, on doit se garantir d'un doute trop entêté, trop obstiné. Il faut céder à la conviction de l'expérience, et de faits bien constatés. Qu'en pensez-vous?

GROS-JEAN.

Je suis fort de cet avis.

M. RICHARD.

Eh bien, je ne vous avancerai rien ici qui ne soit le résultat d'expériences répétées, non pas en petit, mais en grand; non pas dans un cabinet, ni par un seul homme, mais dans de vastes possessions, en divers pays et par de nombreux propriétaires, par des hommes éclairés, de bonne foi; cherchant la vérité sans passion, sans système; comparant sans cesse les produits de l'ancienne routine à ceux des nouvelles méthodes , pour juger et décider à qui appartient la préférence. Il y a plus , je vais tâcher de vous mettre vous-même dans le cas d'apprécier la bonté des principes et la sûreté des conséquences.

Gros-Jean.

Voyons ; je ne demande qu'à m'instruire, je vais écouter de toutes mes oreilles.

M. Richard.

C'est une vérité reconnue et démontrée par nombre d'expériences , que les plantes tirent leur nourriture , non-seulement de la terre, mais encore de l'atmosphère où elles pompent l'aliment nécessaire à leur végétation par les pores de leur tige et de leurs feuilles. Ce n'est donc pas la terre qui fait toute la dépense de leur végétation ; et plus une plante sera fournie de tiges poreuses et de larges feuilles , plus elle s'étalera au-dessus de la superficie du sol , plus elle empruntera de l'atmosphère , et alors moins elle soutirera de la terre. Que vous en semble ?

Gros-Jean.

Cela me paroît assez probable.

M. Richard.

Voilà donc déjà un principe d'après lequel nous pouvons classer les plantes et reconnoître celles qui sont plus ou moins dans le cas d'épuiser la terre, celles après la culture desquelles il sera plus ou moins nécessaire de restituer au sol ce qu'il aura perdu. Ne voyez-vous pas tout d'abord que le blé, le seigle, l'orge, l'avoine, ne peuvent pas tirer grande nourriture de l'atmosphère parce qu'ils ont des tiges grêles et des feuilles étroites, et sur-tout dès l'instant où ces tiges et ces feuilles commencent à se dessécher, à se durcir, c'est-à-dire du moment où la plante monte en graine, l'air ne peut plus la pénétrer ni lui rien fournir ? Or, c'est à cette époque malheureusement qu'il faut à ces plantes une nourriture plus abondante pour former et enfler la graine ; c'est donc alors la terre qui doit faire tous les frais de la nourriture. Et voilà pourquoi le blé, le seigle, l'orge et l'avoine, que nous appelons des *céréales*, doivent être mis à la tête des plantes *épuisantes*, ainsi que toutes celles qu'on laisse monter en graine et qu'on ne coupe qu'après le desséchement de leur tige. Comprenez-vous bien ceci ?

Gros-Jean.

A merveille.

M. Richard.

Vous conviendrez donc avec moi que vous
suiviez jusqu'à présent une bien mauvaise méthode, lorsque vous faisiez succéder au blé,
de l'avoine, planté à graine qui épuise la
terre, ou de l'orge qui la soutire encore davantage. C'étoit trop exiger de votre sole, de
la pressurer ainsi pendant deux années consécutives.

Gros-Jean.

Vous auriez donc voulu que je fisse jachère
dès la seconde année?

M. Richard.

Jachère! jachère... Ne parlons pas de cela,
s'il vous plaît, il n'en doit plus être question.
C'est un mot à retrancher de la langue des
laboureurs.

Gros-Jean.

Comment donc faire? Faut-il encore fumer
après le blé pour restituer à la terre ce qu'il
lui a enlevé? Où trouverez-vous assez de fumier pour suffire à amender ainsi les terres
tous les ans?

M. Richard.

Eh non! certes, il n'est pas question de

fumier. Mais n'allons pas si vite : continuons d'examiner les diverses plantes. Nous venons de parler des *céréales*, cultivées pour leur graine et qu'on laisse mûrir et sécher sur pied, ce qui les rend très-épuisantes : voilà leur procès fait. Occupons-nous actuellement des autres plantes si connues en agriculture sous le nom de *légumineuses*, de ces pommes de terre, de ces haricots, de ces vesces et pois de toute espèce ; et mieux encore de ce sainfoin, de ce trèfle, de cette luzerne, qui tous par la grandeur, la multiplicité et l'étalage de leurs feuilles et de leurs tiges poreuses, ont cinq avantages précieux. Premièrement, de soutirer leur nourriture bien plus de l'atmosphère que de la terre. Secondement, d'ombrager le sol et d'y entretenir l'humidité et la fraîcheur. Troisièmement, d'étouffer les mauvaises herbes. Quatrièmement, de restituer au sol par leurs débris, le peu qu'ils lui ont enlevé. Cinquièmement, de pénétrer la terre par leurs profondes racines, de l'ameublir, et de la préparer merveilleusement à recevoir les semences qu'on y répandra par la suite.

GROS-JEAN.

Je me garderai bien de démentir l'éloge

que vous faites du sainfoin , du trèfle et de
la luzerne. Nous autres fermiers en faisons le
plus grand cas : mais n'a pas de la luzerne
qui veut. Sur toutes vos terres , je n'ai pas
trois mines qui y soient propres.

M. Richard.

Cela peut être. Au moins vous conviendrez avec moi que voilà un bon nombre de
plantes (et j'en pourrois nommer encore d'autres) qui non-seulement n'épuisent pas la terre,
mais au contraire l'améliorent. Aussi les appelons-nous *plantes améliorantes* , tandis que
nous nommons les autres *plantes épuisantes.*
Voilà donc bien des ressources pour vous ,
M. *Gros-Jean,* voilà bien des moyens d'obtenir des produits de la terre sans l'épuiser ;
par conséquent plus de jachère , plus de
repos.

Gros-Jean.

Je commence à vous comprendre.

M. Richard.

Poursuivons donc. La nécessité de nourrir
les hommes et les animaux vous fait une loi
de cultiver de préférence les *céréales,* et par

conséquent vous met dans le cas de tirer beaucoup de substance de votre terre. Eh bien,
adoptez le principe : 1°. de n'en jamais semer
deux années de suite sur le même champ ;
2°. de faire toujours succéder à la *céréale* la
culture d'une plante améliorante et réparante.
Voilà tout le secret de la nouvelle agriculture.
Il se réduit donc à intercaler les cultures de
manière qu'une plante *améliorante* succède
toujours à une plante *épuisante ;* une racine
traçante, à une racine *pivotante ;* de telle
sorte que la même espèce, le même genre,
la même famille de végétaux ne revienne ja-
·mais sur le même champ qu'après un certain laps de temps, après plusieurs récoltes
intercalaires. Vous ne ferez donc pas succéder le trèfle au sainfoin ni à la luzerne ; la
pomme de terre au topinambour... La variété
de culture et de production plaît beaucoup
à la terre, la rafraîchit et augmente sa fécondité.

Gros-Jean.

Fort bien, Monsieur, je conçois tout cela
parfaitement, j'en suis même très-séduit ; mais
il me reste un grand embarras. Calculons un
peu : chaque pièce de terre, vous en conviendrez, doit son tribut à celui qui la cul-

tive, et lui fournir tour-à-tour la nourriture;
de lui, de ses chevaux, de ses volailles et de
ses bestiaux. Il faut donc qu'elle rapporte successivement du blé, de l'avoine, de l'orge,
qui, selon vous, sont trois récoltes *épuisantes*.
Si, d'après votre système, pour ménager et
restaurer cette terre, il faut, entre chaque
céréale, intercaler une de ces récoltes améliorantes, restaurantes, rafraîchissantes, comme
vous voudrez les appeler, on sera de bon
compte six années à voir revenir la même récolte sur le même champ; on ne dépouillera
du blé que tous les six ans, de l'orge que tous
les six ans.

M. RICHARD.

Le grand malheur de ne plus avoir si fréquemment du blé! mais si vous l'avez plus
beau et plus abondant, cela ne reviendra-t-il
pas au même? C'est une manie que l'on a en
France de vouloir toujours avoir du blé; il
semble que ce soit là l'unique but de l'agriculture, le seul produit qui mérite l'attention et
les efforts du cultivateur : c'est un bien faux
calcul (1).

---

(1) Dans d'excellentes terres, le produit du blé qui
y est très-abondant est sans doute une bonne spécula-

Gros-Jean.

Ecoutez donc , Monsieur, l'homme, en cul
tivant la terre, songe d'abord à lui , c'est assez
naturel.

M. Richard.

Sans doute ; mais la France a plus de blé
qu'il ne lui en faut pour nourrir ses habitans.

Gros-Jean.

Oui , mais si en éloignant les récoltes de
blé , vous réduisiez au tiers la quantité du
produit , nous n'aurons plus que bien juste ce
qu'il nous faudra ; et alors gare les mauvaises
années , gare la famine !

M. Richard.

Bel argument , s'il ne portoit pas sur une
fausse supposition. D'abord je ne réduis point
vos récoltes au tiers , et vous verrez que l'on
peut avoir un assolement raisonnable, par ro-

---

tion; mais dans des terres peu fertiles, qui ne rendront
que trois ou quatre sacs de grains par arpent, ce foible
produit indemnisera à peine des frais de culture. Il faut
chercher d'autres ressources dans la nourriture des bestiaux.

tation de quatre années. D'ailleurs, je prétends qu'en éloignant d'un an la même récolte et en adoptant la sage distribution des intercalations, l'amélioration des terres qui en résultera procurera en une seule récolte abondante, presque autant qu'on en obtenoit en deux médiocres par l'assolement triennal : c'est ce que l'expérience a déjà prouvé. Je vous dirai ensuite : calculons l'augmentation énorme de fourrage, et par conséquent de bestiaux que vous procurera le nouvel assolement sans jachère; calculons ce que l'augmentation de bestiaux vous donnera de bénéfice de vente, de laines et d'animaux ; combien d'engrais !

Gros-Jean.

Mais il paroît que vous n'aurez plus besoin d'engrais, puisque vous pouvez faire rapporter les terres sans fumier ?

M. Richard.

N'outrons point les choses ; je vous l'ai dit à la vérité, et je vous montrerai comment, avec un assolement bien combiné , on peut se dispenser de fumer une pièce de terre trop éloignée ou de trop difficile accès, et néanmoins en tirer un certain produit ; mais cela

4

ne vous autorise pas à conclure qu'il ne faille pas fumer lorsqu'il sera possible de le faire ; je suis loin d'avancer qu'une terre bien fumée ne produise pas beaucoup plus qu'une terre qui ne l'est pas. Il n'y a que des gens à système ou de mauvaise foi qui puissent soutenir de pareils paradoxes.

Gros-Jean.

A la bonne heure; maintenant faites attention, je vous prie , que votre ferme qui ne m'occupe que deux charrues et deux charretiers, aujourd'hui que je n'en cultive que les deux tiers chaque année , exigera trois charrues lorsqu'il faudra cultiver la totalité. Le temps même manquera pour tant de façons.

M. Richard.

Vous vous trompez encore , cette proportion n'a pas lieu. Quand nous entrerons dans les détails, vous verrez qu'en suivant la nouvelle méthode d'assolemens, les labours sont plutôt diminués qu'augmentés, sur des terres bien préparées, bien ameublies, où vous semez la plupart du temps sur un seul labour. D'ailleurs, oubliez-vous que dans votre année de jachère , vous êtes obligé de labourer fréquemment et fort gratuitement cette terre qui ne vous rapportera rien , et qui , pour vous démontrer la sottise que vous avez de ne lui rien confier , se chargera elle-même naturellement de plantes et de verdure , pour peu que vous soyez quelque temps sans la retourner ? Cela seul ne vous avertit-il pas que sa fécondité n'est point épuisée , qu'elle n'est pas si fatiguée que vous le pensez , et que vous feriez très-bien de profiter de sa bonne volonté ?

GROS-JEAN.

Comment n'avoit-on pas fait encore cette réflexion qui me paroît assez juste ?

M. RICHARD.

On l'a faite , M. *Gros-Jean* , depuis long-temps ; d'anciens peuples ont reconnu ces principes. L'Angleterre toute entière les a adoptés depuis des siècles , et même dans une partie de la France on ne fait plus de jachères. Il ne faut pas croire que , parce que dans votre pays on s'entête à suivre toujours la même routine , à faire cela de telle façon parce que mon père et mon grand-père l'ont fait ainsi ; il ne faut pas croire , dis-je , que tout le monde soit aussi routinier. Voilà pourquoi je vous

4 *

disois et vous répète , que si vous faites mal
vos affaires , si vous ne tirez point parti de
votre ferme , c'est votre faute. Ai-je grand
tort ?

GROS-JEAN.

On ne peut savoir ce qu'on n'a pas appris ;
si on m'avoit dit cela plus tôt....

M. RICHARD.

Voilà pourquoi on gagne toujours à sortir
un peu de son village , à courir le pays. Si
vous eussiez voyagé en Flandre , dans les départemens du Nord , vous n'y auriez point vu
de jachères.

GROS-JEAN.

Je le crois ; c'est un si bon pays que tout
ce canton de la Flandre , de l'Artois ; mais le
nôtre !

M. RICHARD.

Dans le département des Deux-Nèthes c'est
de même , et la terre n'est pas aussi merveilleuse qu'en Flandre.

GROS-JEAN.

Elle vaut peut-être mieux encore que chez
nous.

M. RICHARD.

Eh bien, dans la Campine, pays le plus in-
grat possible, c'est la même chose.

GROS - JEAN.

Quoi! vous pensez que la suppression des
jachères peut avoir lieu dans de mauvaises
terres?

M. RICHARD.

Puisque je vous ai prouvé que, même pour
de bonnes terres, l'assolement triennal avec
jachères est nuisible, à plus forte raison le
sera-t-il dans une terre pauvre et facile à
épuiser. En effet, du moment où vous recon-
noîtrez que notre distribution nouvelle d'assolement, loin d'épuiser le sol, l'ameublit, le
rafraîchit, le bonifie, vous ne douterez plus
qu'elle ne soit applicable à une mauvaise terre
comme à une bonne; elle devient même plus
nécessaire à la première qu'à la seconde. En
général, convenez que toute la terre qui ne
produit pas au moins trois cents gerbes de
blé par arpent, ne donne pas un grand bénéfice en grain à son fermier. Celui-ci doit donc
chercher à se dédommager d'un autre côté,
en faisant produire à cette même terre, dans

les années intercalaires des céréales, de quoi nourrir des bestiaux ; c'est ce que je vais expliquer.

GROS-JEAN.

C'est ce que j'apprendrai avec plaisir.

M. RICHARD.

Rappelez - vous actuellement tout ce que je vous ai dit, et suivez mon raisonnement. Puisqu'il est reconnu que toute plante, tant qu'elle n'est point montée en graine, ni desséchée, tant qu'elle est dans l'état herbacé et de verdure, tire presque toute sa nourriture de l'atmosphère et n'épuise point la terre ; semez toutes les graines que vous voudrez sur une jachère quelconque, et fauchez en vert : vous aurez par-là un fourrage plus ou moins bon, qui n'épuisera point le sol, mais qui au moins l'utilisera. Il ne s'agit donc que de faire, parmi les plantes, un choix de celles qui sont dans le cas de vous donner le meilleur produit pour l'usage de vos bestiaux. Chaque pays peut en avoir de particulières et de plus propres au terrain et au climat. Mais songez bien que même le blé, le seigle, l'orge et l'avoine, plantes très-épuisantes, ne le seront plus lorsqu'elles seront fauchées en vert, et vous procureront ce que nous appelons des *prairies momentanées*, qui sont agréables aux bestiaux, soit en vert, soit en sec ; consommées sur place, ou jetées au râtelier : or , pour établir ces prairies momentanées, il suffit d'un seul labour, et souvent même d'un simple coup de herse sur le chaume de la dernière récolte.

GROS-JEAN.

Vous m'assurez cela ?

M. RICHARD.

Très – certainement. Oui , croyez – moi, M. *Gros-Jean* ; épargne de labour , épargne d'engrais , récoltes plus abondantes et plus nombreuses (vous en pourrez faire jusqu'à trois dans la même année) ; bénéfices plus considérables, terres bien nettes, bien cultivées et plus productives : voilà le résultat de la suppression des jachères et des nouveaux assolemens que je vous propose.

GROS-JEAN.

Croyez-vous, Monsieur , que ces prairies momentanées dont vous me parliez tout-à-l'heure , comme blé , seigle , orge , avoine, données en vert aux bestiaux , à la sortie de l'hiver et de l'étable , soient quelque chose de bien bon pour eux ? Je ne m'y fierois pas pour mes moutons , si ce n'est pour ceux que je destinerois au boucher.

M. Richard.

Vous pourriez bien avoir raison, dans votre pays sur-tout; la pâture sur chaume et celle des semences d'automne seroient peut-être préférables (1). Ces prairies momentanées sont fort vantées par certains agriculteurs ; d'autres n'en sont pas si partisans : pour moi, je crois qu'il est une manière bien préférable d'utiliser les jachères, que nous verrons bientôt. Mais au reste, M. *Gros-Jean*, songez que je ne vous réponds ici que des principes; c'est à l'expérience ensuite à prononcer sur l'application à telle culture de préférence à telle autre, dont le climat, les localités, assurent plus ou moins le succès. Ce qui réussit au Midi, ne convient pas autant au Nord. On nous a fort vanté certaines plantes très-bonnes en elles-mêmes, qui réussissent à merveille dans un pays et qui

----

(1) Avec vos avoines ou vos orges semez de la lupuline, cela vous procurera pour l'automne et le printemps suivans un pâturage délicieux pour les moutons.

manquent absolument dans un autre. Et voilà la grande difficulté en agriculture d'établir des règles, de prescrire des pratiques générales pour un si grand royaume que la France. Tout cela doit varier selon le climat, selon la latitude, l'exposition, je dirois presque selon chaque veine de terre; l'expérience, l'expérience seule a droit de nous guider : chacun, dans son petit coin, doit la consulter et se conduire d'après elle.

Gros-Jean.

Bon, voilà comme doit parler tout homme juste et sans préventions. Vous conviendrez donc actuellement que l'expérience de nous autres anciens laboureurs, doit compter pour quelque chose?

M. Richard.

Très-certainement; mais pour que j'en fasse cas, pour qu'elle devienne utile, il faut qu'elle soit éclairée par le raisonnement, par des connoissances et des lumières, qui, permettez-moi de vous le dire, Monsieur, manquent à la plupart d'entre vous. Ne conviendrez-vous pas en effet, M. *Gros-Jean*, qu'avant cet entretien, vous n'aviez jamais fait les remarques et les réflexions que je viens de faire naître dans votre esprit ?

Gros-Jean.

C'est vrai. Continuez donc, M. *Richard,* d'éclairer mon expérience passée, de sorte qu'elle puisse devenir utile pour l'avenir. Achevez votre ouvrage, et faites-moi le plaisir de me donner quelques exemples de vos nouveaux assolemens.

M. Richard.

Volontiers ; connoissant à-peu-près votre pays, votre terrain, je puis risquer de vous indiquer, non pas le meilleur assolement possible, mais au moins celui que vous pourrez suivre sans risque, en attendant mieux ; car ce mieux, c'est à vous à le chercher et à le trouver par vos essais. Je sens bien que tout ce que je vous ai dit jusqu'ici seroit un peu vague, et vous serviroit peu si je ne vous en donnois le développement et l'application ; mais comme ces détails nous meneroient trop loin, cette conversation étant déjà assez longue, nous renverrons la suite à demain. Je vous offre encore un déjeuner, M. *Gros-Jean,* le cœur vous en dit-il ?

Gros-Jean.

J'avois à-peu-près arrêté que je retour-
nerois demain au pays ; mais j'ai plus de
profit , M. *Richard*, à déjeuner chez vous
qu'à souper chez moi ; ainsi je reviendrai
demain.

M. Richard.

Bien répondu ; au revoir.

QUATRIÈME ENTRETIEN.

GROS-JEAN.

C'EN est fait, M. *Richard*, me voilà bien décidé à supprimer les jachères ; je le vois bien, c'est une duperie de s'y entêter. Me permettez-vous de vous faire une proposition ?

M. RICHARD.

Parlez.

GROS-JEAN.

Depuis deux ans que vous n'êtes pas venu au pays, vous n'avez pas pour cela oublié la situation et l'état de vos diverses pièces de terre ?

M. RICHARD.

Non, sans doute.

GROS-JEAN.

Eh bien, je vais vous rappeler les principales, en vous donnant les petits renseignemens qui vous seront nécessaires ; et alors vous voudrez bien me dire comment je dois m'y prendre

pour les soumettre à vos nouveaux assolemens.

M. RICHARD.

Excellente idée, M. *Gros - Jean* ! cela me
donnera lieu de parcourir tous les cas où
peuvent se trouver les diverses terres, et de
vous enseigner ce qu'il y a de mieux à faire.
Vous témoignez une bonne volonté qui mérite
d'être encouragée ; je suis prêt à la seconder
de tout mon pouvoir.

GROS - JEAN.

Vous connoissez d'abord cette grande pièce
de seize mines, ou huit arpens, que nous appelons *le clos*. C'est une assez bonne terre,
sur-tout dans le bas le long du marais. J'en ai
mis une mine et demie en luzerne, qui n'est
pas mauvaise, si ce n'est dans un bout où le
terrain est trop frais ; les mauvaises herbes y
poussent d'abondance et étouffent la luzerne.
Les dix mines au - dessus sont à blé ; j'en re-
cueille de bon quand la saison devient favorable.
Je fume bien, mais il y a des années où les
herbes et le coquelicot sur-tout étouffent mon
grain et réduisent à rien ma récolte. Le reste
de la pièce, en montant, est un sable un peu
sec, il n'y vient que du seigle.

M. RICHARD.

Je me rappelle très-bien de la pièce dont vous me parlez là. De la luzerne, M. *Gros-Jean,* vous savez que c'est la perle des prairies artificielles. L'épaisseur de ses touffes entretient le sol dans une fraîcheur perpétuelle, étouffe et détruit les plantes nuisibles ; la profondeur de ses racines creuse, ouvre la terre et la rend facilement pénétrable aux racines des plantes qui succéderont ; lés débris du feuillage et des tiges restituent au sol ce qu'ils ont pu lui emprunter ; enfin le produit de la luzerne surpasse celui de tous les autres végétaux , et cela pendant nombre d'années consécutives. Dans un sol profond, une luzerne est une mine d'or ; malheureusement tous les terrains ne lui conviennent pas. Combien y a-t-il que la vôtre est semée ?

GROS-JEAN.

Trois ans.

M. RICHARD.

Elle est déjà mangée d'herbes ? Vous ne faites donc pas herser ?

GROS-JEAN.

Quelquefois.

M. RICHARD.

Comment ! quelquefois ? Mais tous les ans plutôt deux fois qu'une. Et avec quelle herse ?

GROS - JEAN.

La herse dont nous nous servons pour nos terres.

M. RICHARD.

Ce n'est pas suffisant. Pour vos luzernes et vos sainfoins, il vous faut une bonne et forte herse à dents de fer, et même à petits coutres, qui grattent, tailladent et arrachent le gazon qui s'y entremêle ; sans quoi vos prairies artificielles ne donneront que la moitié du produit qu'elles doivent rendre, et ne dureront pas longtemps. J'ai là un dessin de ces herses avec toutes leurs dimensions, je vous le prêterai ; vous pourrez facilement en faire exécuter par votre charron et votre maréchal.

GROS-JEAN.

Je me suis laissé dire que M. *Thomas*, à la ferme du Bois, en avoit une à dents de fer ; mais c'est un peu coûteux.

M. RICHARD.

Coûteux ! eh bien , j'autoriserai mon

concierge à faire abattre dans mon parc un frêne, et à vous le donner avec quelques ferrailles de mon grenier; il ne vous en coûtera que la façon.

GROS-JEAN.

Bien de la reconnoissance, Monsieur; je me laisse faire tout le bien que vous me voudrez.

M. RICHARD.

Cette herse vous deviendra d'autant plus nécessaire qu'elle vous servira à enfouir très-expéditivement la semence de ces prairies momentanées dont je vous ai parlé, et les différentes graines de navets, qu'on sème sur le chaume et qui ne demandent d'autre façon qu'un coup de herse de fer.

GROS-JEAN.

C'est véritablement très-commode.

M. RICHARD.

Vous aurez soin de faire passer votre herse sur vos prairies artificielles à la fin de chaque hiver. Vous adopterez le principe des bons cultivateurs, de convertir tour-à-tour toutes vos terres en verdure, pour les rafraîchir et les nettoyer. Il faut s'arranger de manière à avoir chaque année prairie à établir, prairie à retourner. Un quart de votre exploitation peut être en verdure ; au reste, c'est à vos besoins, à la quantité de vos bestiaux, à régler cette proportion. Vous aurez aussi l'attention de poudrer vos trèfles, vos luzernes, vos sainfoins avec du plâtre, des cendres ou de la poulinée.

Gros-Jean.

Du plâtre ! Hé, Monsieur, nous n'en avons seulement pas pour bâtir.

M. Richard.

Substituez-y la suie, les cendres de tourbe, de bois, de four à chaux.

Gros - Jean.

Tout cela, qu'il faut aller chercher loin, fait perdre du temps, et ne laisse pas d'être coûteux.

M. Richard.

M. *Gros-Jean*, mettez-vous bien dans la tête que la lésinerie ruine les fermiers. Quiconque ne veut pas débourser vingt sous pour en avoir trente par la suite, n'a pas besoin de

5

se mêler d'agriculture. Quand je vois un cultivateur aller de tous côtés acheter des pailles chez ceux qui sont assez sots pour lui en vendre, envoyer ses voitures à la ville pour en rapporter des fumiers, et ne pas épargner l'argent pour se procurer toute sorte d'engrais, je dis : voilà un homme qui sait son métier, et qui fera fortune. Mais quand j'en vois un autre qui, pour l'appât de quelques écus, vend ses pailles et ses fourrages, au lieu d'augmenter le nombre de ses bestiaux pour les consommer, je dis : voilà un imbécile qui sera bientôt ruiné. Je ne pense pas mieux de certains laboureurs de votre pays, qui, au lieu d'employer leurs chevaux à bien façonner leurs terres, s'amusent à leur faire faire des charrois de bois, de pierre, ou des voyages qui usent les harnois et les voitures, et qui fatiguent les chevaux bien autrement que le labour. Ces gens-là gagnent un petit écu pour en perdre un gros.

GROS-JEAN.

C'est ce qui arrive souvent.

M. RICHARD.

L'agriculture est en un seul point semblable à la loterie ; on n'y gagne qu'en y mettant : mais la différence, c'est qu'à la première on ne manque jamais de retirer sa mise ; au lieu qu'à la seconde, il y a mille à parier contre un qu'on la perdra. Ne mettez - donc point à la loterie, M. *Gros-Jean* ; mais dépensez, faites des avances pour vos terres, c'est de l'argent placé à gros intérêts.

GROS - JEAN.

Je le pense de même.

M. RICHARD.

Revenons actuellement à votre pièce de terre. Les dix mines qui sont au-dessus de votre luzerne paroissent sujettes à pousser beaucoup d'herbes ; je le crois bien, vous les avez salies par vos récoltes successives de céréales ; vous les aurez peut-être fumées avec du fumier de vaches qui n'est pas moins salissant ?

GROS-JEAN.

Oui ; celui de cheval et de mouton qui est moins lourd à transporter, je le réserve pour des terres éloignées.

M. RICHARD.

Fort bien ; et vous semez le blé sur fumier, sans intermédiaire ?

GROS-JEAN.

Comme de raison.

M. RICHARD.

Belle raison ! aussi êtes-vous étouffé d'herbes, et vous le méritez bien.

GROS-JEAN.

Vous ne voulez donc pas que je fume la terre qui va me donner du blé ?

M. RICHARD.

Mauvaise méthode, pour les terres sur-tout qui poussent fort en herbes ; il faut un intermédiaire.

GROS-JEAN.

Je n'y conçois plus rien.

M. RICHARD.

J'en suis fâché ; mais les Anglais et bien des cultivateurs à leur exemple font tout autrement que vous ; aussi ont-ils toujours de belles récoltes, parce que leurs terres sont nettes, purgées d'herbes, et toujours en bon état.

GROS-JEAN.

Comment font - ils pour cela ?

M. Richard.

Rien de plus simple ; c'est le raisonnement qui les guide. Voilà, disent-ils, une terre sujette à produire des herbes, et nous voulons y semer du blé, plante salissante, très-favorable à la pousse des herbes, qui filent et s'élèvent le long de son tuyau grêle qui leur sert de soutien ; si nous fumons simplement, ces mauvaises herbes en profiteront autant que le blé, et le fumier lui-même nous fournira de nouvelles graines nuisibles ; le bon grain finira donc par être étouffé. Faisons autrement ; auparavant de semer notre blé, cherchons à détruire cette herbe propre au terrain, et même celle que peut produire le fumier ; pour cela fumons d'avance notre terre, et sur ce fumier plantons quelqu'une de ces légumineuses qui nous mettra dans le cas de faire des sarclages, des binages et des remuemens de terre fréquens, qui finiront par détruire toutes les mauvaises herbes dans leurs racines ; qui de plus ameubliront parfaitement la terre et la prépareront à recevoir enfin le blé qui leur succédera. Ce blé, trouvant alors une terre engraissée, bien meuble et bien nette, poussera d'abondance et donnera une riche récolte. Que dites-vous de ce raisonnement?

GROS-JEAN.

Il ne me paroît pas mauvais.

M. RICHARD.

Essayez le même procédé. Où en êtes-vous de votre sole?

GROS - JEAN.

Ma pièce est jachère.

M. RICHARD.

Bon, fumez-la comme il faut, et plantez y des fèves ou féveroles.

GROS-JEAN.

Je ne sais si elles réussiront.

M. RICHARD.

Des haricots, des pommes de terre, des topinambours que vous aurez soin de sarcler deux fois, et de buter à la troisième façon. La récolte faite, semez aussitôt votre blé sur un seul labour, et l'année suivante bonne moisson ; vous m'en direz des nouvelles.

GROS JEAN.

Et après ce blé là, que mettrai-je?

M. Richard.

Gardez - vous bien de semer ni orge, ni avoine, mais intercalez une *verdure*.

Gros-Jean.

Qu'appelez-vous ainsi?

M. Richard.

Certains cultivateurs vous diront : sur le chaume de votre blé retournez avec la herse de fer, semez ou des navets, ou des criblures de seigle, ou quelque mélange de seigle, d'orge et de vesce, enfin tout ce qui pourra vous procurer au printemps suivant un pâturage que vous ferez consommer sur place par votre troupeau, ou faucher. Quant à moi, je vous dirai pour le plus profitable : après la moisson, sur un seul labour, semez de la vesce d'hiver mélangée d'un peu de seigle ; fauchez à la Saint-Jean suivante cette vesce vers la fin de sa fleur, elle vous donnera un excellent et abondant fourrage vert ou sec. Aussitôt levé, semez du sarrasin, plante précieuse qui rafraîchit la terre, étouffe les mauvaises herbes, et que vous enfouirez aussitôt qu'elle sera en pleine fleur, ce qui vaudra à votre terre une demi-fumure. Après cela ne craignez plus l'année suivante de semer de l'orge ou de l'avoine, qui vous donneront la plus belle récolte sur une terre ainsi préparée. Mais, croyez-moi, avec cette orge ou cette avoine, semez du trèfle, qui vous procurera l'année suivante trois coupes.

GROS-JEAN.

Chez nous le trèfle ne donne que deux bonnes coupes.

M. RICHARD.

Eh bien, fauchez la première et enfouissez la seconde, en mettant dessus du froment sur un seul labour ; et je vous garantis que ce second blé sera encore plus beau que le précédent, et que votre terre sera purgée d'herbes pour toujours, si vous savez l'entretenir de la même manière.

GROS-JEAN.

Mon assolement sera donc de six ans ?

M. RICHARD.

Point du tout, de quatre seulement ; puisqu'à la cinquième année vous dépouillerez un second blé, vous n'aurez eu réellement que trois années d'intervalle entre deux fromens. Dans votre ancienne méthode vous aviez deux ans de séparation entre deux blés, ce n'est donc qu'une année de différence. Comptez :

Première année. — *Froment* semé l'automne précédent après une récolte préparatoire, de pomme de terre ou de haricots, ou d'autres légumineuses précédemment fumées. Sur le chaume de ce blé, semez *vesce d'hiver*, ou attendez au printemps suivant à semer *vesce d'été*.

Deuxième année. — *Vesce d'hiver* ou *d'été*, fauchée en fleur pour fourrage, suivie de *sarrasin* enfoui en fleur pour demi-fumure.

Troisième année. — *Orge* mêlée de *trèfle*.

Quatrième année. — Récolte de *trèfle*; première coupe fauchée pour fourrage ; la dernière enfouie, sur laquelle semez *froment*, et parquez.

Gros-Jean.

Je recommencerai donc ensuite ?

M. Richard.

Sans doute ; mais, croyez-moi, variez un peu vos cultures. A la seconde rotation de quatre ans, au lieu d'orge, semez de l'avoine, et si à la première rotation vous avez préparé le blé par des pommes de terre, à la seconde que ce soit avec les haricots ou autre légumineuse.

GROS-JEAN.

Faites - moi le plaisir de me tracer encore la seconde rotation.

M. RICHARD.

Volontiers.

CINQUIÈME ANNÉE. — *Froment,* semé l'automne précédent sur le trèfle retourné et parqué. Sur le chaume, semez navets ou turneps, et passez la herse de fer.

SIXIÈME ANNÉE. — *Vesce d'été* semée au printemps, fauchée en fleur pour fourrage.

SEPTIÈME ANNÉE. — *Avoine* suivie de labour d'automne.

HUITIÈME ANNÉE. — Fumier et labour d'hiver et de printemps suivis d'*Haricots*, sarclés deux fois et butés ensuite ; à l'automne semez blé, pour la récolte de la neuvième année.

Tel est l'assolement dont je crois pouvoir

vous répondre comme le plus propre à votre canton. Vous voyez que de cette manière, dans le cours de neuf années , vous aurez trois récoltes de froment ; assurément vous ne craindrez pas de mourir de faim.

Gros - Jean.

Non ; mais l'avoine et l'orge ne reviendront que de quatre en quatre ans.

M. Richard.

J'en conviens ; mais d'un autre côté les défrichemens de vos prairies artificielles que vous aurez soin d'arranger de manière que vous en ayez tous les ans à retourner , ne vous procureront-ils pas des avoines ? D'ailleurs, il ne tient qu'à vous de faire une distribution de vos terres conforme à vos besoins. Semez une chose plutôt qu'une autre, adoptez une culture de préférence selon vos vues et selon les débouchés de votre pays, pourvu que vous conserviez le principe d'intercaler toujours des verdures, des plantes améliorantes , après chaque récolte de blé, d'orge ou d'avoine : voilà tout ce que je vous demande.

Gros-Jean.

J'entends parfaitement cette méthode, et

plus j'y songe, et plus j'y applaudis ; elle ne peut être que très-favorable aux terres qu'elle ménage beaucoup : l'on ne peut se refuser à croire que les récoltes de grain doivent en être améliorées et plus abondantes.

M. Richard.

J'ajouterai à ce que je viens de vous dire, que les besoins, les accidens, les circonstances pourront quelquefois vous forcer à déroger à ces principes et à interrompre le meilleur ordre d'assolement que vous vous serez d'abord proposé. Il faut céder à la nécessité du moment, mais le plus tôt possible rentrer dans la bonne route ; si l'on a été obligé d'épuiser ou de salir une pièce de terre, vite il faut y remédier, la restaurer par les engrais, la nettoyer par les récoltes étouffantes, améliorantes, et finalement par les prairies artificielles, qui pendant plusieurs années détruisent toutes les plantes nuisibles, et ameublissent parfaitement une terre. Il est plus difficile et bien plus long, M. *Gros-Jean*, de rétablir une terre salie et en mauvais état, que de restaurer une terre épuisée. Pour celle-ci, vous avez tous les engrais à votre disposition ; pour l'autre, il faut une suite opiniâtre de cultures particulières, des labours, des sarclages.

Gros-Jean.

A propos de sarclage, il paroît que vous en prescrivez trois pour les haricots et les pommes de terre. Nous n'en donnons souvent qu'un, et je vous assure que nous avons de beaux haricots, de bonnes pommes de terre quand l'année est favorable. Trois façons, c'est furieusement coûteux.

M. Richard.

Voilà encore votre maudite et ruineuse lésinerie! Vous avez de beaux haricots sans tant de façons. Soit, je veux bien le croire; mais dans ce que je vous prescris, croyez vous que je n'aie en vue que vos harico's et vos pommes de terre? Un bon et sage cultivateur n'est-il pas autant occupé de la récolte suivante que de la présente? Voilà en quoi réellement consiste la supériorité de la nouvelle méthode que nous proposons de suivre; c'est que chaque récolte est une préparation pour celle qui doit lui succéder. Ne voyez-vous pas que lorsqu'on vous dit : sarclez, façonnez trois fois vos haricots et vos pommes de terre, c'est pour mieux nettoyer, ameublir et préparer la terre qui va recevoir le blé?

Gros-Jean.

Croyez, M. *Richard*, que ce n'est pas seulement l'économie qui nous porte à ménager les façons, mais c'est le manque de bras, c'est la rareté de la main-d'œuvre.

M. Richard.

A la bonne heure ; mais voici le remède. L'inconvénient dont vous me parlez a fait imaginer une petite herse et une petite charrue ou butoir, qui, attelés d'un seul cheval, en un clin d'œil exécutent à bon marché le sarclage et le butage des haricots et des pommes de terre ; on façonne un arpent en une matinée. Voilà à la porte de mon cabinet le dessin de ces deux instrumens.

Gros Jean.

Il n'y a jamais d'objection à vous faire, vous avez réponse à tout. Il me reste actuellement à vous demander l'assolement des terres à seigle. Vous avez cette grande pièce sur la montagne, qui n'est pas des meilleures ; je suis venu à bout cependant d'y avoir du bon seigle.

M. Richard.

Si cela est, en employant nos nouveaux assolemens, vous pourrez, au bout de quelques rotations, parvenir à y faire venir même du blé.

GROS-JEAN.

Ou du méteil au moins.

M. RICHARD.

Je ne suis point partisan du méteil; c'est une mauvaise méthode, croyez-moi, de mêler ensemble deux grains dont l'époque de la maturité diffère quelquefois d'une quinzaine de jours; de quelque façon que vous vous y preniez pour récolter, vous avez une perte assurée. Préférez d'avoir du bon seigle à de mauvais méteil. C'est dans le grenier qu'il faut faire le mélange pour ceux qui en veulent.

GROS-JEAN.

Votre observation est juste.

M. RICHARD.

Je veux vous faire faire connoissance avec une plante précieuse pour les assolemens des terrains à seigle, et qui utilise parfaitement les terres de médiocre qualité.

GROS-JEAN.

Cette connoissance est très-bonne à faire; car il y a bien des terres médiocres.

M. Richard.

Ajoutez que ce qui est bon pour les terres médiocres réussit généralement encore mieux sur les bonnes ; ainsi ce que je vais vous dire peut également s'appliquer aux unes et aux autres.

Gros-Jean.

Fort bien.

M. Richard.

La plante que je veux vous recommander est une espèce de luzerne bisannuelle qui rend aux sols secs et arides les mêmes services que le trèfle rend aux bonnes terres. On la nomme *lupuline* ; son fourrage, lorsqu'elle devient assez haute pour être fauchée, est excellent pour les bestiaux, se fane avec la plus grande facilité ; car le mauvais temps ne le détériore pas : elle n'a pas les inconvéniens du trèfle. Mais la manière la plus générale d'employer la lupuline, est de l'enfouir quand elle est en fleur pour engraisser et fumer la terre, ou de la faire consommer sur place par les bestiaux, et retourner ensuite pour y semer du seigle par-dessus.

Quelques agronomes vantent également la *spergule* et le *lupin* ou *fève de loup* ; mais cette dernière ne réussit guère que dans les pays méridionaux , et l'autre vers le Nord. On peut, au reste , en faire l'essai.

Gros-Jean.

Voilà effectivement ce que nous ne connoissons guère dans notre pays. Voyons actuellement comment cela se dispose dans l'assolement d'une terre médiocre.

M. Richard.

Rien de plus simple. Voici deux rotations.

Première année. — *Seigle* semé l'automne précédent après une récolte préparatoire de légumineuses fumées. Semez sur le chaume vesce d'hiver par un seul labour.

Deuxième année. — *Vesce d'hiver* fauchée en fleur pour fourrage, suivie de sarrasin enfoui en fleur.

Troisième année. — *Avoine* mêlée de lupuline.

Quatrième année. — *Lupuline* consommée sur place, ou fauchée en fleur pour fourrage ; parquez, retournez, et semez seigle.

Cinquième année. — *Seigle* suivi de navets semés à la herse de fer.

Sɪxɪèmᴇ ᴀɴɴéᴇ. — *Vesce d'été* récoltée en fleur ou enfouie.

Sᴇᴘᴛɪèmᴇ ᴀɴɴéᴇ. — *Orge* ou avoine mêlée de lupuline.

Hᴜɪᴛɪèmᴇ ᴀɴɴéᴇ. — *Lupuline* enfouie avec fumier au printemps, légumineuses sarclées, suivies de seigle à l'automne. Essayez même le blé, car à cette huitième année votre terre sera peut-être bien capable de donner du blé; mais si elle est de trop médiocre qualité pour cela, n'y mettez que du seigle, sur lequel je vous conseille de jeter de la graine de sainfoin pour convertir la pièce en prairie artificielle. Le sainfoin ou Bourgogne semé avec le blé ou le seigle, réussit parfaitement.

GROS-JEAN.

Il faut convenir, M. *Richard*, que vous avez une grande prédilection pour la vesce et pour le sarrasin.

M. RICHARD.

Oui, mon cher, la vesce, le sarrasin, les pommes de terre, voilà san contredit trois plantes bien communes, mais le plus généralement propres à toute espèce de terrains,

excepté les marécageux. On peut les admettre
avec pleine sécurité dans les assolemens. Je ne
vous répondrois pas autant des autres, essayez-
les. Si vous avez des terres argileuses, je vous
conseillerois bien aussi les féveroles; rien n'en-
graisse et n'ameublit mieux un terrain. La bet-
terave, la carotte, le gros navet, doivent aussi
être cités parmi les légumineuses avantageu-
sement employées; car je préfère celles qui
sont à racine à celles qui portent graine.

GROS-JEAN.

Je vois qu'il me faudra faire une bonne pro-
vision de semence de vesce et de sarrasin.

M. RICHARD.

Oui, croyez-moi, vous n'en sauriez trop
avoir. Voyez-vous pourquoi, M. *Gros-Jean*,
je fais tant de cas du sarrasin, des vesces, des
pois et autres plantes semblables qu'on peut
faucher en fleur? c'est à titre de plantes *étouffantes* qui couvrent le sol du plus favorable
ombrage, et qui, par la force de leur végétation, dominent sur toute herbe étrangère qui
voudroit croître, et la détruisent.

GROS-JEAN.

En effet, quand on vient à les faucher, on

ne trouve pas dessous le moindre brin d'herbe, et la terre est meuble comme de la cendre.

M. Richard.

Voilà encore le grand avantage de ces plantes ; c'est de préparer la terre à recevoir les prochaines semences. Mais il faut avoir bien attention, aussitôt le fauchage et l'enlèvement, de donner un léger labour ; sans cela, à la moindre pluie, la force de la végétation feroit bientôt repousser l'herbe.

Gros-Jean.

Je conçois cette précaution.

M. Richard.

Cette destruction de l'herbe par les plantes étouffantes est tout aussi sûre que celle produite par les sarclages et binages des légumineuses, tellement que si vous n'aviez ni le temps ni les bras nécessaires pour ces façons, vous pourriez employer également les plantes étouffantes à la place des légumineuses préparatoires au blé.

Gros-Jean.

Bon.

M. Richard.

Partez toujours de ce principe général, que

tout le secret pour obtenir une bonne récolte de grain, se réduit à trois choses : *ameublir, nettoyer* et *engraisser* la terre dans l'année précédente. Or, pour ameublir et nettoyer, vous avez la ressource ou des légumineuses ou des étouffantes ; pour engraisser, vous avez ou le fumier de votre cour, ou le *fumier local.*

GROS-JEAN.

Fumier local, je ne connois pas celui-là.

M. RICHARD.

J'appelle fumier local celui qu'on obtient sur le lieu même, en enfouissant les plantes étouffantes au moment de leur floraison, de telle sorte que ces plantes, après avoir rafraîchi et ameubli la terre, après avoir étouffé les mauvaises herbes, finissent par fournir au sol une bonne demi-fumure qui ne coûte ni frais, ni temps, ni transport.

GROS-JEAN.

Quoi, Monsieur, vous croyez de bonne foi que vos plantes enfouies en fleur font du fumier !

M. RICHARD.

En pourrois-je douter ? Qu'est - ce que le fumier de votre cour ? C'est le résidu d'une décomposition, d'une pourriture de matières produites tant par vos bestiaux que par vos pailles et fourrages, et qui dans cet état rendent à la terre ce qu'elle a fourni et perdu pour son contingent de la nourriture et de la végétation des plantes qu'elle a produites précédemment. Or, ces vesces, ce sarrasin que vous enfouissez en fleur, tout frais, pleins de jus, vont aussi se décomposer, fermenter et pourrir dans la terre, pour se transformer en un fumier qui ne peut manquer de contenir tous les principes végétatifs que ces mêmes plantes avoient empruntés à l'atmosphère, et que leur avoient fournis l'air, l'eau du ciel, la chaleur et les rayons du soleil pendant tout le temps qu'elles se sont maintenues dans l'état herbacé, et jusqu'à leur floraison. Voilà donc un fumier naturel dont vous ne pouvez méconnoître l'efficacité, puisque c'est absolument le même que celui dont la nature se sert pour restituer au sol des forêts ce qu'il a fourni à la nourriture des arbres par la chute et la pourriture des feuilles qui tombent chaque année, et qui produisent cet excellent terreau si propre à toute espèce de végétation.

GROS-JEAN.

Voilà, M. *Richard,* une bien bonne autorité que vous nous citez là. Mais cependant ne penseriez-vous pas que le fumier de nos cours est pour le moins aussi bon?

M. Richard.

Meilleur sans doute, parce qu'il est à-la-fois végétal et animal : aussi ne vous donnerai-je l'enfouissement des plantes que comme une demi-fumure, mais suffisante sur des terres en bon état pour la préparation à une excellente récolte d'orge ou d'avoine. Dans notre nouvel assolement, nous ne fumons que tous les quatre ans : eh bien ! croyez-vous que cela feroit du mal d'employer la seconde année le fumier local? Enfin, si on manque de fumier de cour, si on n'a pas le temps de le transporter, n'est-il pas bien agréable de pouvoir y suppléer? Avec trois quartiers de sarrasin vous aurez de quoi fumer un arpent : assurément voilà un engrais qui n'est pas cher et que je vous garantis très-bon.

Gros-Jean.

Allons, je vais donc semer de la vesce et du sarrasin tant et plus; pour n'en pas manquer, j'aurai soin de me réserver pour la graine un petit coin dans chaque sole.

M. RICHARD.

Que dites-vous là, M. *Gros-Jean?* quelle violation de principes !

GROS-JEAN.

Comment donc?

M. RICHARD.

Est-ce que vous ne vous rappelez pas que toute plante qui tourne à graine et se dessèche sur pied, devient plante épuisante, d'améliorante quelle étoit? Si donc vous allez faire porter graine à cette vesce ou à ce sarrasin que vous aviez intercalé sur votre jachère entre deux années de grain pour restaurer et rafraîchir votre terre, vous allez manquer votre but. Vous aurez dans ce petit coin trois années de graine de suite, votre terre va être abîmée. Voilà un beau chef-d'œuvre que vous aurez fait là !

GROS-JEAN.

C'est vrai, je n'y pensois pas : mais comment faire ? la graine est trop chère à acheter.

RICHARD.

J'en conviens, mais voici le remède bien

simple. Semez de la vesce pour graine dans une de vos pièces destinées au blé , et du sarrasin dans une de vos pièces destinées à l'avoine.

Gros - Jean.

Vous avez raison ; je conçois actuellement tout votre système , et je commence à croire, ce que je regardois auparavant comme impossible , l'histoire de cette terre qui a produit pendant vingt-un ans, soi-disant sans fumier, ou, comme vous avez eu soin de me dire, pour ne pas mentir, sans fumier transporté. Car, au fait, les plantes enfouies, les verdures retournées, les prairies artificielles , peuvent suppléer au fumier, et fournir un engrais suffisant pour de passables récoltes : voilà , je parie , le fin mot de l'énigme.

M. Richard.

Vous l'avez deviné , M. *Gros-Jean.*

Gros-Jean.

Je vous avoue cependant que je suis très-curieux de connoître cet assolement , dont vous m'avez dit avoir le détail par écrit dans votre tiroir.

M. Richard.

Le voici , lisons-le. Aussi bien, je pense qu'il vous instruira des diverses espèces de verdures , qu'on propose d'intercaler et de faire précéder et succéder les récoltes de céréales : il est bon de connoître cette grande variété de culture qui plaît tant à la terre et la garantit de l'épuisement. Tout cela vous donnera des idées , et vous mettra à même de faire des essais , avec la discrétion qu'exigent les localités.

Tableau d'un assolement sans fumier.

ANNÉE.	
1re.	*Avoine* mêlée de trèfle.
2e.	*Trèfle* saupoudré. La première récolte fauchée, la dernière enfouie par un seul labour sur lequel on a semé du blé.
3e.	*Blé*, sur le chaume duquel semez navets pour les moutons pendant l'hiver.
4e.	*Vesce de Mars*, semée sur un seul labour, enfouie en fleur, sur laquelle semez sarrasin ; après lequel semez mélange de seigle, d'orge hivernal et de trèfle, pour pâture au printemps suivant.
5e.	Pâturage retourné à la fin d'avril, semez *orge* mêlée de luzerne.
6e.	*Luzerne* poudrée.
7e.	*Idem.*
8e.	*Idem*, hersée à la dent de fer.
9e.	*Idem*, consommée sur place par les bestiaux.
10e.	*Avoine* semée sur la luzerne retournée, navets consommés sur place en octobre, vesce d'hiver, petites gesses et mélanges pour pâturage au printemps suivant, et fourrage.
11e.	Pâturage retourné, et semez en juin. *Sarrasin*, enfoui en fleur, sur lequel semez blé.
12.e	*Blé* suivi de navets consommés sur place à la fin d'octobre, suivis d'un mélange de colza et de rutabaga, pour verdure au printemps suivant.

ANNÉE.	
13ᵉ.	*Orge* mêlée de sainfoin et de lupuline, pâture d'automne.
14ᵉ.	*Sainfoin* et *lupuline* cendrés au printemps : première récolte fauchée ; deuxième, consommée sur place.
15ᵉ.	*Sainfoin* et *lupuline*, première récolte fauchée, deuxième enfouie, sur laquelle semez blé.
16ᵉ.	*Blé*, suivi de navets consommés dans l'hiver.
17ᵉ.	*Vesce de Mars*, récoltée en graine, suivie de sarrasin enfoui en fleur.
18ᵉ.	*Avoine* mêlée de trèfle, consommée sur place.
19ᵉ.	*Trèfle*, première récolte fauchée, deuxième consommée sur place.
20ᵉ.	*Trèfle*, première récolte fauchée, la dernière enfouie, sur laquelle semez blé.
21ᵉ.	*Blé*.

Voilà, M. *Gros-Jean*, l'épreuve authentique qui a été faite sur une pièce de terre qui étoit trop éloignée pour pouvoir y transporter du fumier. Vous voyez donc, comme je vous l'ai avancé précédemment, que la terre ne se fatigue pas. Il n'y a que manière de s'y prendre pour la faire toujours produire utilement. Car, certes, pendant cette longue suite d'années, on ne l'a pas laissée un instant se reposer.

GROS-JEAN.

Que de récoltes ! je n'en reviens pas.

M. RICHARD.

Vingt-neuf produits de bon compte. Et dans votre ancien assolement à jachères, en bien fumant, vous en auriez eu quatorze.

GROS-JEAN.

C'est très-vrai. Il faut en convenir, je ne me serois jamais douté de cela.

M. RICHARD.

Vous voyez donc bien que je vous ai appris à faire deux récoltes pour une : n'est-ce pas l'équivalent de tirer d'un sac deux moutures ?

GROS-JEAN.

Vous avez raison, M. *Richard*; vous m'avez tenu parole. Allons, c'en est fait, je supprime demain les jachères.

M. RICHARD.

Doucement, n'allez pas si vite. La précipitation nuit aux meilleures entreprises. Que doit vous procurer la nouvelle méthode d'assolement? une grande abondance de fourrages. Songez donc à augmenter le nombre de vos bestiaux. Occupez-vous d'abord à combiner le partage et la distribution de vos terres ; à déterminer la quantité et l'ordre de celles que vous convertirez successivement en prairies artificielles ; cherchez la rotation qui vous sera la plus commode et la plus avantageuse pour la facilité et la succession des travaux, des labours et des charrois ; arrangez-vous de façon à vous procurer tous les ans une quantité suffisante de chaque espèce de production. Vous ne pouvez pas dessoler à-la-fois toutes vos terres. A votre place, pour me donner le temps de bien monter la machine, je ferois cette année un essai du nouvel assolement sur une pièce de terre d'une vingtaine d'arpens, que je partagerois en quatre soles, et successivement j'y amènerois les autres pièces.

GROS-JEAN.

Ce conseil est bien sage. Il ne me reste plus qu'un petit embarras.

M. RICHARD.

Quel est-il?

GROS-JEAN.

Comment arranger toutes ces bonnes choses-là avec notre bail de neuf ans, dont il ne m'en reste plus que six à courir?

M. RICHARD.

Je vous attendois là : votre réflexion est parfaitement juste. Je m'étonnois, je vous l'avoue, que vous ne l'eussiez pas encore faite. Écoutez, M. *Gros - Jean*; rien, selon moi, n'est plus contraire aux progrès de l'agriculture et même à l'intérêt de nos terres, que les baux actuels à court terme. Si ces terres sont en mauvais état, le fermier n'a pas le temps de les rétablir ni de se récupérer de ses avances, s'il a la bonté d'en faire. Il n'est occupé qu'à pressurer et épuiser le sol pour en tirer le plus de profit possible. Rappelez-vous que je vous avois proposé un bail de douze ans, c'est vous qui ne l'avez pas voulu.

GROS-JEAN.

C'est vrai, mon père n'avoit jamais fait ses baux que de neuf années.

M. RICHARD.

Sans doute, dans sa manière d'opérer alors, par rotation triennale, les baux devoient être de trois, six ou neuf ans. Dans la nôtre, dont

la rotation doit être au moins de quatre années, on fera bien de les faire de huit, douze
et seize ans; en conséquence, si vous voulez
prendre l'engagement de conduire mes terres
suivant les nouveaux principes que je viens
de vous développer, je vous passerai un nouveau bail de quatorze ans en prolongation de
l'autre. Quatorze et six, font vingt; en vingt
ans, vous aurez certainement bien le temps
d'établir une nouvelle culture et de jouir de
ses bienfaits.

GROS-JEAN.

Votre proposition, M. *Richard*, est des
plus honnêtes; mais je dois profiter des leçons
de sagesse que vous m'avez données, et ne
point accepter sans examen un nouveau marché qui demande de la réflexion. Je ne doute
pas de l'avantage de votre nouvelle culture,
je le sens; mais ce nouveau mode exige de
la mise, expose à quelques non-valeurs dans
le premier établissement. D'ailleurs un chan-
gement de principes et d'habitudes, joint à
l'inexpérience compagne d'un premier essai,
diminue beaucoup les bénéfices et retarde les
succès. Tout cela vaut la peine d'être pesé,
apprécié, et soumis à des calculs. Je ne fais

rien non plus sans consulter ma femme et mon beau-père.

M. RICHARD.

Rien n'est plus sensé et plus moral que ce que vous me dites là ; j'y applaudis de grand cœur.

GROS-JEAN.

Je vous demande donc quelque temps de réflexion. Si j'étois propriétaire de votre ferme, n'ayant rien à rendre , je n'hésiterois pas un moment, et commencerois dès demain à procéder sur le nouveau pied ; si j'avois aussi votre science.

M. RICHARD.

Ma science ! ah ! mon cher *Gros - Jean*, c'est bien peu de chose ; je n'ai en agriculture qu'une certaine théorie éclairée par quelques connoissances physiques , et par la lecture des meilleurs ouvrages qui ont été composés sur ce sujet. Si je ne vous parlois que d'après mon autorité et mes systèmes , vous auriez très-tort de vous fier à moi ; mais tout ce que je vous ai dit n'est que le résultat des expériences longues et répétées de plusieurs savans agronomes praticiens , gens aussi probes qu'éclairés , au rapport desquels je me fie bien plus qu'à moi-même. Actuellement, pour ma satis-

faction et pour prix des bons avis que je viens
de vous donner, j'exige que vous preniez avec
vous ce premier volume du *Nouveau Cours
d'Agriculture*, et que vous y lisiez d'un bout
à l'autre l'article *Assolement*. Vous y recon-
noîtrez presque mot à mot une partie de ce
que je vous ai dit dans nos entretiens, où je
n'ai fait autre chose que de délayer et de mettre
à votre portée cet excellent morceau de notre
savant agronome M. *Yvart*, lequel, depuis
plusieurs années, et en ce moment encore,
dirige auprès de Paris une grande exploitation, où tous les préceptes de son ouvrage
sont mis en pratique, pour être vérifiés ou
rectifiés par l'expérience. C'est à de tels hommes
qu'il appartient de professer et de dicter les lois
en agriculture. Lisez et relisez, je vous prie,
cet excellent traité des assolemens; puis en me
rapportant le livre, vous me donnerez votre
réponse définitive. Dans deux mois, je serai
de retour d'un voyage que je vais faire : je
vous attendrai alors; s'il vous reste quelques
difficultés, je tâcherai de les lever. Mais quelle
que soit votre détermination, comptez toujours sur mon intérêt et mes bons offices.

FIN.